안 쌤 의 사 고 력 수 학 퍼 즐 **초등**

숫자카드

퍼즐

Unit
01

수 만들기
| 수와 연산 |

안쌤의 사고력 수학 퍼즐
숫자카드 퍼즐

숫자카드로 **다양한 수**를 만들어 봐요!

01 세 자리 수 | 수와 연산 |

숫자카드를 한 번씩만 사용하여 만들 수 있는 세 자리 수 중에서 가장 큰 수와 가장 작은 수를 만들어 보세요.

| 1 | 6 | 9 |

⦿ 가장 큰 수 만들기

가장 [ ] 숫자부터 차례로 백의 자리, 십의 자리, 일의 자리에 놓습니다.

→

⦿ 가장 작은 수 만들기

가장 [ ] 숫자부터 차례로 백의 자리, 십의 자리, 일의 자리에 놓습니다.

→

숫자카드를 한 번씩만 사용하여 만들 수 있는 세 자리 수는 모두 몇 개인지 구해 보세요.

◉ 백의 자리가 2인 세 자리 수: ☐ , ☐ → ☐ 개

◉ 백의 자리가 4인 세 자리 수: ☐ , ☐ → ☐ 개

◉ 백의 자리가 7인 세 자리 수: ☐ , ☐ → ☐ 개

→ 만들 수 있는 세 자리 수의 개수: ☐ 개

숫자카드로 만들 수 있는 수의 개수는 각 자리에 들어갈 수 있는 숫자의 개수를 모두 곱해 구할 수 있습니다. 이와 같은 방법으로 위 문제에서 만들 수 있는 수는 모두 몇 개인지 구해 보세요.

정답 ▶ 86쪽

02 네 자리 수 | 수와 연산 |

숫자카드를 한 번씩만 사용하여 만들 수 있는 네 자리 수 중에서 가장 큰 수와 가장 작은 수를 만들어 보세요.

◉ 가장 큰 수: ◉ 가장 작은 수:

5장의 숫자카드 중에서 4장을 골라 한 번씩만 사용하여 만들 수 있는 네 자리 수 중에서 가장 큰 수와 가장 작은 수를 만들어 보세요.

| 7 | 9 | 5 | 0 | 4 |

◉ 가장 큰 수: ◉ 가장 작은 수:

안쌤 Tip

네 자리 수를 만들 때 천의 자리에 0을 놓으면 만들어진 수는
세 자리 수가 돼요. 즉, 천의 자리에는 0이 올 수 없어요.

숫자카드를 한 번씩만 사용하여 만들 수 있는 네 자리 수 중에서 네 번째로 큰 수와 세 번째로 작은 수의 차를 구해 보세요.

| 3 | 9 | 0 | 6 |

Unit 01

◉ 크기가 가장 큰 수부터 순서대로 구하면

[ ] > [ ] > [ ] > [ ]

… 이므로 네 번째로 큰 수는 [ ] 입니다.

◉ 크기가 가장 작은 수부터 순서대로 구하면

[ ] < [ ] < [ ] … 이므로

세 번째로 작은 수는 [ ] 입니다.

→ 두 수의 차:

정답 ≫ 86쪽

03 수의 개수 | 수와 연산 |

4장의 숫자카드 중에서 3장을 골라 한 번씩만 사용하여 만들 수 있는 세 자리 수는 모두 몇 개인지 구해 보세요.

| 2 | 4 | 6 | 8 |

◉ 백의 자리가 2인 세 자리 수의 개수: ☐ 개

◉ 백의 자리가 4인 세 자리 수의 개수: ☐ 개

◉ 백의 자리가 6인 세 자리 수의 개수: ☐ 개

◉ 백의 자리가 8인 세 자리 수의 개수: ☐ 개

→ 만들 수 있는 세 자리 수의 개수: ☐ 개

❓ 각 자리에 들어갈 수 있는 숫자의 개수를 모두 곱하는 방법으로 위 문제에서 만들 수 있는 수는 모두 몇 개인지 구해 보세요.

4장의 숫자카드 중에서 3장을 골라 한 번씩만 사용하여 만들 수 있는 세 자리 수는 모두 몇 개인지 구해 보세요.

| 6 | 0 | 2 | 4 |

개

4장의 숫자카드 중에서 3장을 골라 한 번씩만 사용하여 세 자리 수를 만들 때 400보다 큰 수는 모두 몇 개인지 구해 보세요.

| 3 | 4 | 6 | 2 |

개

정답 ≫ 87쪽

04 조건을 만족하는 수 | 수와 연산 |

5장의 숫자카드 중에서 4장을 골라 만들 수 있는 네 자리 수 중에서 다음 <조건>을 만족하는 수를 구해 보세요.

| 7 | 1 | 2 | 6 | 4 |

조건

① 십의 자리 숫자는 나머지 자리 숫자들을 더한 값과 같다.

② 일의 자리 숫자는 나머지 자리 숫자들보다 작다.

③ 2600보다 큰 수이다.

◉ 조건에 맞는 수

→ ☐ ☐ ☐ ☐

숫자카드를 한 번씩만 사용하여 만들 수 있는 네 자리 수 중에서 다음 <조건>을 만족하는 수를 구해 보세요.

9	1	6	3

조건

① 십의 자리 숫자는 1이다.

② 일의 자리 숫자는 홀수이다.

③ 천의 자리 숫자와 일의 자리 숫자의 합은 백의 자리 숫자와 십의 자리 숫자의 합보다 작다.

◉ 조건에 맞는 수

→

정답 ≫ 87쪽

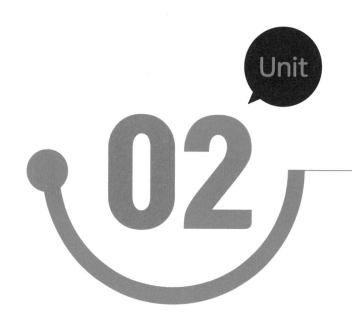

Unit

02

숫자카드 배열

| 문제 해결 |

숫자카드를 **조건**에 맞게 **배열**해 봐요!

숫자카드 배열하기 | 문제 해결 |

가로줄은 오른쪽의 수가, 세로줄은 아래쪽의 수가 더 크도록 숫자카드 1 , 2 , 3 , 4 를 배열해 보세요.

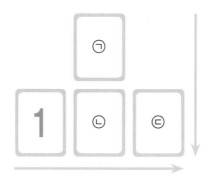

- ⊙과 ⓒ 중 □ 에 더 큰 수를 놓아야 합니다.

- ⓒ과 ⓒ 중 □ 에 더 큰 수를 놓아야 합니다.

- ⊙, ⓒ, ⓒ에 놓아야 하는 수의 크기를 비교하면

  □ < □ < □ 입니다.

  → ⊙ = □ , ⓒ = □ , ⓒ = □

가로 방향과 세로 방향으로 각각 서로 이웃하는 두 수가 오지 않도록 숫자카드 1 , 2 , 3 , 4 , 5 를 배열해 보세요.

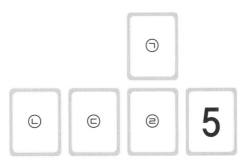

- ⓔ은 가로 방향으로 2장, 세로 방향으로 1장 총 3장의 숫자카드가 이웃하고 있으므로 1~5까지 수 중에서 이웃하지 않는 수가 3개인 ☐ 을/를 놓아야 합니다.

- ⓖ과 ⓒ에는 ☐ 을/를 놓을 수 없으므로 ⓛ에 ☐ 을/를 놓아야 합니다.

- ⓒ에는 ☐ 을/를 놓을 수 없으므로 ☐ 을/를 놓아야 하고, ⓖ에 ☐ 을/를 놓아야 합니다.

정답 ≫ 88쪽

Unit
02

순서대로 놓기 | 문제 해결 |

가로줄은 오른쪽의 수가, 세로줄은 아래쪽의 수가 더 크도록 숫자카드 1 , 3 , 5 , 8 , 9 를 4가지 방법으로 배열해 보세요.

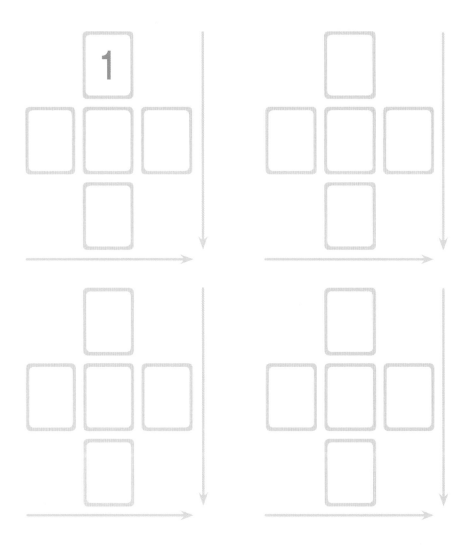

가로줄은 오른쪽의 수가, 세로줄은 위쪽의 수가 더 크도록 숫자카드 2, 4, 5, 7, 9 를 5가지 방법으로 배열해 보세요.

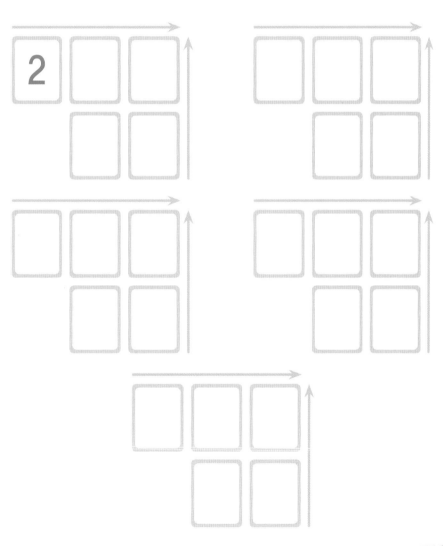

03 부등호로 놓기 | 문제 해결 |

숫자카드를 한 번씩만 사용하여 부등호의 방향에 맞게 배열하려고 합니다. 물음에 답하세요.

| 0 | 2 | 3 | 4 | 5 | 8 | 9 |

◉ 부등호의 방향을 보고 가장 작은 수를 넣을 곳과 가장 큰 수를 넣을 곳을 찾아보세요. 또, 각 칸에 들어갈 수가 작은 수부터 차례로 화살표로 연결해 보세요.

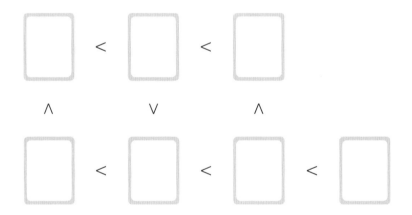

◉ 위의 빈 곳에 알맞은 수를 써넣어 숫자카드 배열을 완성해 보세요.

숫자카드를 한 번씩만 사용하여 부등호의 방향에 맞게 배열해 보세요.

0	1	2	3	4
5	6	7	8	9

☐ > ☐
∨   ∨

☐ < ☐ > ☐ > ☐
∧ ∨ ∨ ∨

☐ < ☐ < ☐ < ☐

정답 ≫ 89쪽

이웃하지 않게 놓기 | 문제 해결 |

가로 방향과 세로 방향으로 각각 서로 이웃하는 두 수가 오지 않도록
숫자카드 1 , 2 , 3 , 4 , 5 , 6 을 배열해 보세요.

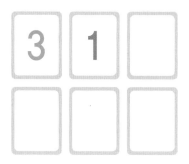

가로 방향과 세로 방향으로 각각 서로 이웃하는 두 수가 오지 않도록
숫자카드 2 , 3 , 4 , 5 , 6 , 7 을 배열해 보세요.

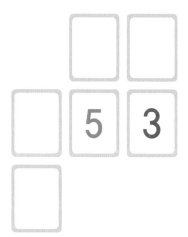

가로, 세로, 대각선 방향으로 각각 서로 이웃하는 두 수가 오지 않도록
숫자카드 3, 4, 5, 6, 7, 8, 9 를 배열해 보세요.

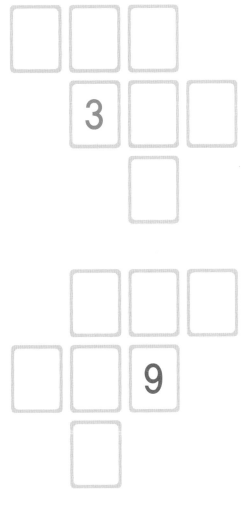

Unit

03

덧셈과 뺄셈

| 수와 연산 |

숫자카드로 알맞은 **덧셈식**과 **뺄셈식**을 만들어 봐요!

알맞은 식 만들기 | 수와 연산 |

숫자카드를 모두 한 번씩만 사용하여 알맞은 식을 만들어 보세요.

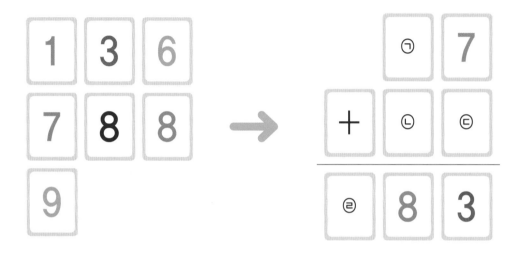

◉ 더한 값이 세 자리 수가 되었으므로 ㉤은 [   ] 입니다.

◉ 7과 더한 값의 일의 자리 숫자가 3이므로 ㉢은 [   ] 입니다.

◉ ㉠과 ㉡을 더한 값에 1을 더한 수가 18이므로 ㉠과 ㉡은 [   ] 와/과 [   ] 입니다.

숫자카드를 모두 한 번씩만 사용하여 (두 자리 수)+(두 자리 수)의 식을 만들려고 합니다. 계산 결과가 가장 큰 식과 가장 작은 식을 만들고, 값을 구해 보세요.

◉ 가장 큰 식: 가장 큰 수와 두 번째로 큰 수를 ⬜과 ⬜에

놓고, 나머지 수를 놓습니다. ➜

◉ 가장 작은 식: 가장 작은 수와 두 번째로 작은 수를 ⬜과

⬜에 놓고, 나머지 수를 놓습니다. ➜

정답 ≫ 90쪽

덧셈식 만들기 | 수와 연산 |

숫자카드를 모두 한 번씩만 사용하여 (두 자리 수)+(두 자리 수)의 식을 만들어 보세요.

1	3	4
6	7	8
9		

→

	9	
+	8	
	3	6

1	1	2
2	4	7
9		

→

	9	
+	7	

덧셈식은 각 자리의 덧셈과 받아올림을 생각해요.

숫자카드를 모두 한 번씩만 사용하여 (세 자리 수)+(세 자리 수)의 식을 만들어 보세요. (단, 더하는 수가 더해지는 수보다 큽니다.)

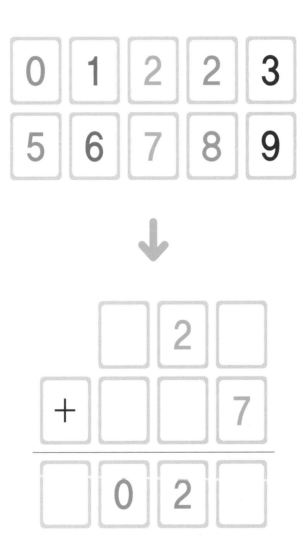

빨셈식 만들기 | 수와 연산 |

숫자카드를 모두 한 번씩만 사용하여 (두 자리 수)−(두 자리 수)의 식을 만들어 보세요.

5	6	8
9	9	

→

		8
−	5	
		9

2	3	4
5	8	9

→

−		9
	5	

빨셈식은 덧셈식으로 바꾸어 생각해도 좋아요.

숫자카드를 모두 한 번씩만 사용하여 (세 자리 수)−(세 자리 수)의 식을 만들어 보세요.

1	2	3	4
5	6	7	8

↓

	3	4
−		
		6

가장 크게, 가장 작게 | 수와 연산 |

숫자카드를 모두 한 번씩만 사용하여 (두 자리 수)−(두 자리 수)의 식을 만들려고 합니다. 계산 결과가 가장 큰 식과 가장 작은 식을 만들고, 값을 구해 보세요.

$$\boxed{3} \quad \boxed{5} \quad \boxed{8} \quad \boxed{9}$$

◉ 가장 큰 식

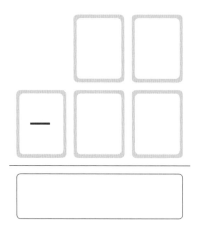

◉ 가장 작은 식

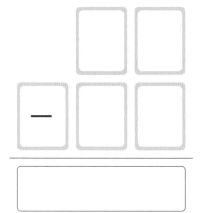

숫자카드를 모두 한 번씩만 사용하여 (세 자리 수)+(세 자리 수)의 식을 만들려고 합니다. 계산 결과가 가장 큰 식과 가장 작은 식을 만들고, 값을 구해 보세요.

◉ 가장 큰 식

◉ 가장 작은 식

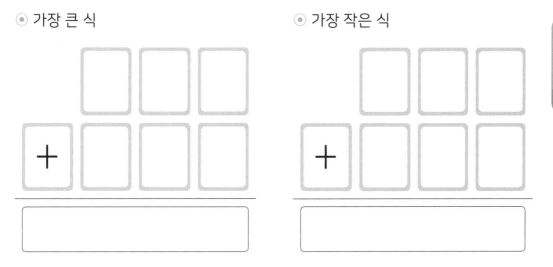

정답 ≫ 91쪽

Unit

04

소수

| 수와 연산 |

숫자카드로 **소수**를 만들어 봐요!

소수 한 자리 수

소수 두 자리 수

소수 세 자리 수

조건을 만족하는 소수

소수 한 자리 수 ┃ 수와 연산 ┃

4장의 숫자카드 중에서 2장을 골라 한 번씩만 사용하여 가장 큰 소수 한 자리 수와 가장 작은 소수 한 자리 수를 만들어 보세요.

| 8 | 1 | 6 | 2 |

● 가장 큰 소수 한 자리 수 만들기

자연수 부분에 가장 [   ] 숫자를 놓고, 소수 부분에 두 번

째로 [   ] 숫자를 놓습니다. ➡

● 가장 작은 소수 한 자리 수 만들기

자연수 부분에 가장 [   ] 숫자를 놓고, 소수 부분에 두 번

째로 [   ] 숫자를 놓습니다. ➡

분수 $\dfrac{1}{10}$ 은 소수 0.1로 나타낼 수 있어요.

4장의 숫자카드 중에서 2장을 골라 한 번씩만 사용하여 <조건>을 만족하는 소수 한 자리 수를 만들어 보세요. (단, 소수점 아래 끝자리에는 0이 오지 않습니다.)

7	3	0	5

조건

① $\dfrac{3}{10}$ 보다 크고, 5보다 작다.

② 자연수 부분과 소수 부분의 숫자의 합은 8이다.

◉ ①을 만족하는 소수:

◉ ①을 만족하는 소수 중 ②를 만족하는소수:

정답 》 92쪽

Unit 4

02 소수 두 자리 수 | 수와 연산 |

4장의 숫자카드 중에서 3장을 골라 한 번씩만 사용하여 가장 큰 소수 두 자리 수와 가장 작은 소수 두 자리 수를 만들어 보세요.

2 1 6 4

⊙ 가장 큰 소수: ☐ ⊙ 가장 작은 소수: ☐

5장의 숫자카드 중에서 3장을 골라 한 번씩만 사용하여 1.3보다 작은 소수 두 자리 수를 모두 만들어 보세요.

2 1 5 7 3

⊙ 만들 수 있는 소수: ☐, ☐, ☐

5장의 숫자카드 중에서 3장을 골라 한 번씩만 사용하여 2.9보다 크고 3.2보다 작은 소수 두 자리 수를 모두 만들어 보세요.

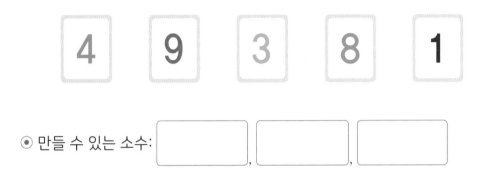

◉ 만들 수 있는 소수: ☐ , ☐ , ☐

숫자카드를 모두 한 번씩만 사용하여 만들 수 있는 소수 두 자리 수 중에서 가장 큰 소수와 가장 작은 소수를 만들어 보세요. (단, 소수점 아래 끝자리에는 0이 오지 않습니다.)

◉ 가장 큰 소수: ☐   ◉ 가장 작은 소수: ☐

정답 ▶ 92쪽

Unit 4
03 소수 세 자리 수 | 수와 연산 |

5장의 숫자카드 중에서 4장을 골라 한 번씩만 사용하여 4.3보다 큰 소수 세 자리 수를 모두 만들어 보세요. (단, 소수점 아래 끝자리에는 0이 오지 않습니다.)

| 2 | 0 | 1 | 4 | 3 |

◉ 만들 수 있는 소수: [   ], [   ], [   ], [   ]

5장의 숫자카드 중에서 4장을 골라 한 번씩만 사용하여 1보다 작은 소수 중에서 가장 큰 소수 세 자리 수와 가장 작은 소수 세 자리 수를 만들어 보세요. (단, 소수점 아래 끝자리에는 0이 오지 않습니다.)

| 4 | 6 | 0 | 8 | 3 |

◉ 가장 큰 소수: [   ]   ◉ 가장 작은 소수: [   ]

5장의 숫자카드 중에서 4장을 골라 한 번씩만 사용하여 7.4보다 크고 7.7보다 작은 소수 세 자리 수를 만들려고 합니다. 만들 수 있는 소수 중에서 세 번째로 큰 소수를 구해 보세요.

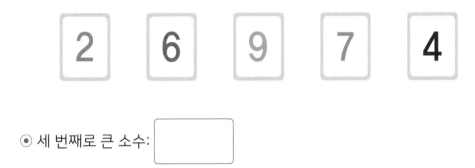

◉ 세 번째로 큰 소수: ☐

숫자카드를 모두 한 번씩만 사용하여 만들 수 있는 소수 세 자리 수 중에서 다섯 번째로 작은 수를 구해 보세요.

◉ 다섯 번째로 작은 소수: ☐

정답 ≫ 93쪽

조건을 만족하는 소수 | 수와 연산 |

5장의 숫자카드 중에서 4장을 골라 만들 수 있는 소수 두 자리 수 중에서 다음 <조건>을 만족하는 수를 구해 보세요.

| 9 | 4 | 1 | 8 | 2 |

조건

① 모든 자리의 숫자의 합은 16이다.

② 소수 첫째 자리 숫자는 홀수이다.

③ 일의 자리 숫자는 나머지 자리 숫자들을 모두 더한 값보다 크다.

④ 가장 큰 자리 수의 숫자에 2를 곱한 값은 가장 작은 자리 수의 숫자와 같다.

⊙ 조건에 맞는 소수:

6장의 숫자카드 중에서 4장을 골라 만들 수 있는 소수 세 자리 수 중에서 다음 <조건>을 만족하는 수를 구해 보세요.

| 1 | 9 | 8 | 2 | 5 | 3 |

조건

① 8보다 큰 수이다.

② 소수 셋째 자리 숫자는 3이다.

③ 소수 첫째 자리 숫자는 짝수이다.

④ 일의 자리 숫자는 나머지 자리 숫자를 모두 더한 값보다 크다.

⑤ 일의 자리 숫자가 짝수면 소수 둘째 자리 숫자는 짝수이고, 일의 자리 숫자가 홀수면 소수 둘째 자리 숫자는 홀수이다.

⊙ 조건에 맞는 소수:

Unit 04

정답 ▶ 93쪽

Unit

곱셈

| 수와 연산 |

숫자카드로 **곱셈식**을 만들어 봐요!

알맞은 식 만들기 | 수와 연산 |

4장의 숫자카드 중에서 2장을 골라 한 번씩만 사용하여 주어진 곱셈 식을 완성해 보세요.

| 2 | 3 | 4 | 6 |

$$\boxed{㉠} \times \boxed{㉡} = 12$$

- ㉠에 2 를 놓으면 ㉡에 숫자카드 ☐ 을/를 놓아야 합니다.

- ㉠에 3 을 놓으면 ㉡에 숫자카드 ☐ 을/를 놓아야 합니다.

- ㉠에 4 를 놓으면 ㉡에 숫자카드 ☐ 을/를 놓아야 합니다.

- ㉠에 6 을 놓으면 ㉡에 숫자카드 ☐ 을/를 놓아야 합니다.

7장의 숫자카드 중에서 2장을 골라 한 번씩만 사용하여 주어진 곱셈 식을 만들려고 합니다. 각각의 식을 만들 때 필요하지 않은 숫자카드를 모두 골라 보세요.

→ 18을 만들 때 필요하지 않은 숫자카드:

→ 24를 만들 때 필요하지 않은 숫자카드:

정답 ≫ 94쪽

어림 연산 | 수와 연산 |

5장의 숫자카드 중에서 2장을 골라 한 번씩만 사용하여 두 수의 곱이 주어진 수에 가장 가까운 곱셈식을 만들려고 합니다. 사용할 숫자카드를 각각 2장씩 골라 보세요.

→ 사용할 숫자카드:

→ 사용할 숫자카드:

목표수에 가장 가까운 수를 만들 때에는 만든 수가
목표수보다 작을 수도 있고, 클 수도 있어요.

$\boxed{0}$ 부터 $\boxed{9}$ 까지의 숫자카드 중에서 4장을 골라 한 번씩만 사용하여
곱셈식을 만들려고 합니다. 네 수의 곱이 주어진 수에 가장 가까운 곱
셈식을 만든다고 할 때, 사용할 숫자카드를 각각 2장씩 골라 보세요.

$\boxed{3} \times \boxed{5} \times \boxed{} \times \boxed{}$ **482**

→ 사용할 숫자카드:

$\boxed{2} \times \boxed{7} \times \boxed{} \times \boxed{}$ **670**

→ 사용할 숫자카드:

정답 ▶ 94쪽

가장 크게, 가장 작게 ㅣ수와 연산ㅣ

Unit 5

숫자카드를 한 번씩만 사용하여 (두 자리 수)×(한 자리 수)의 값이 가장 큰 식과 가장 작은 식을 만들고, 값을 구해 보세요.

$$2 \quad 3 \quad 6 \rightarrow \boxed{\ominus} \ \boxed{\bigcirc} \ \times \ \boxed{\bigcirc}$$

◉ 값이 가장 큰 식

가장 큰 수는 □, 두 번째로 큰 수는 □,

가장 작은 수는 □ 에 놓아야 합니다.

→

◉ 값이 가장 작은 식

가장 작은 수는 □, 두 번째로 작은 수는 □,

가장 큰 수는 □ 에 놓아야 합니다.

→

숫자카드를 한 번씩만 사용하여 (두 자리 수)×(한 자리 수)의 값이 가장 큰 식과 가장 작은 식을 만들고, 값을 구해 보세요.

| 4 | 7 | 8 | → | ㉠ | ㉡ | × | ㉢ |

- 값이 가장 큰 식

- 값이 가장 작은 식

(?) 위 문제의 숫자카드를 모두 한 번씩만 사용하여 만들 수 있는 곱셈식 중에서 값이 가장 작은 식을 만들고, 값을 구해 보세요.

정답 ≫ 95쪽

04 곱셈 퍼즐 | 수와 연산 |

다음 두 곱셈식에서 같은 모양의 카드는 같은 수를 나타내고, 다른 모양의 카드는 서로 다른 수를 나타냅니다. 주어진 숫자카드를 사용하여 알맞은 식을 만들고, 각각의 모양에 해당하는 수를 써넣어 보세요.

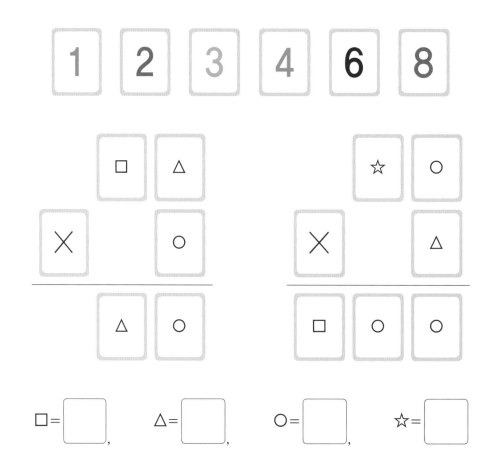

$\square =$ ☐ , $\triangle =$ ☐ , $\bigcirc =$ ☐ , $\star =$ ☐

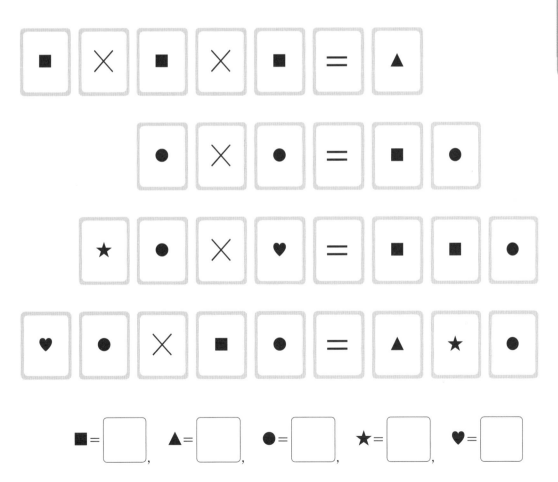

다음 네 곱셈식에서 같은 모양의 카드는 같은 수를 나타내고, 다른 모
양의 카드는 서로 다른 수를 나타냅니다. 0 부터 9 까지의 숫자카드
를 사용하여 알맞은 식을 만들고, 각각의 모양에 해당하는 수를 써넣
어 보세요.

정답 ≫ 95쪽

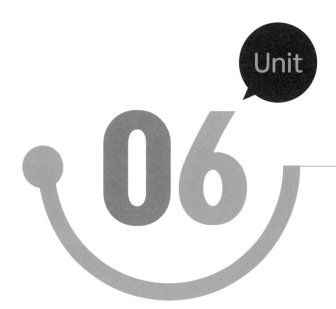

나눗셈

| 수와 연산 |

숫자카드로 **나눗셈식**을 만들어 봐요!

01 나눗셈식 만들기 | 수와 연산 |

3장의 숫자카드 중에서 2장을 골라 한 번씩만 사용하여 만들 수 있는 두 자리 수 중에서 가장 작은 두 자리 수를 구해 보세요. 이 두 자리 수를 남은 숫자카드의 수로 나누어 나눗셈식을 만들고, 몫을 구해 보세요.

$$\boxed{2} \quad \boxed{4} \quad \boxed{8}$$

● 두 자리 수 중에서 가장 작은 수는 $\boxed{}$ 입니다.

● 나누는 수는 $\boxed{}$ 입니다.

● 나누어지는 수는 $\boxed{}$ 입니다.

● 나눗셈식은 $\boxed{} \div \boxed{} = \boxed{}$ 입니다.

→ 만들 수 있는 두 자리 수 중에서 가장 작은 수를 남은 숫자카드의 수로 나눈 몫은 $\boxed{}$ 입니다.

숫자카드로 나눗셈식을 만들었습니다. 빈칸에 알맞은 말을 써넣어 보세요.

$$3 \; 4 \; \div \; 5 \; = \; 6 \; \cdots \; 4$$

- 34를 5로 나누면 [ ]은/는 6이고, 4가 남습니다.

  이때 4를 $34 \div 5$의 [ ](이)라고 합니다.

- [ ]은/는 나눗셈에서 더 이상 나눌 수 없을 때까지 나누고

  남은 수이므로 [ ]은/는 항상 나누는 수보다

  (커 , 작아)야 합니다.

- 나눗셈에서 나머지가 [ ]일 때 나누어떨어진다고 합니다.

정답 ▶ 96쪽

나누어떨어지는 식 ㅣ 수와 연산 ㅣ

3장의 숫자카드 중에서 2장을 골라 한 번씩만 사용하여 만들 수 있는 두 자리 수 중에서 가장 큰 수를 구해 보세요. 이 두 자리 수를 남은 숫자카드의 수로 나누어 나눗셈식을 만들고, 몫을 구해 보세요.

| 3 | 7 | 5 |

3장의 숫자카드 중에서 2장을 골라 한 번씩만 사용하여 50에 가장 가까운 두 자리 수를 만들었습니다. 만든 두 자리 수를 4로 나누었을 때의 몫을 구해 보세요.

| 1 | 2 | 8 |

숫자카드를 한 번씩만 사용하여 (두 자리 수)÷(한 자리 수)의 나눗셈식을 만들려고 합니다. 몫이 가장 작은 나눗셈식을 만들고, 몫을 구해 보세요.

$$\boxed{9} \quad \boxed{5} \quad \boxed{4}$$

- 몫이 가장 작은 나눗셈식을 만들려면 나누어지는 수는 $\boxed{}$ 게,

  나누는 수는 $\boxed{}$ 게 해야 합니다.

- 만들 수 있는 가장 $\boxed{}$ 두 자리 수는 $\boxed{}$ 입니다.

- 만들 수 있는 가장 $\boxed{}$ 한 자리 수는 $\boxed{}$ 입니다.

- 나눗셈식은 $\boxed{} \div \boxed{} = \boxed{}$ 입니다.

→ 몫이 가장 작은 나눗셈식의 몫은 $\boxed{}$ 입니다.

정답 》 96쪽

나머지가 있는 식 | 수와 연산 |

숫자카드로 만든 나눗셈식을 바르게 계산했는지 확인해 보세요.

  ÷ = ⋯

$$1 \ 4 \div 4 = 3 \cdots 3$$

- 나머지가 0이 아닌 나눗셈식에서 나누는 수와 □ 의 곱에

  □ 을/를 더하면 나누어지는 수가 됩니다.

- $14 \div 4 = 3 \cdots 3$에서 나누는 수가 □ , 몫이 □ 이므로

  □ × □ = □ 이고,

  □ 에 나머지 □ 을/를 더하면 □ 이/가 됩니다.

- □ 은/는 나누어지는 수와 (같으 , 다르)므로

  (바르게 , 틀리게) 계산했습니다.

숫자카드를 한 번씩만 사용하여 주어진 나눗셈식을 완성해 보세요.

| 1 | 3 | 5 |

| 4 | 6 | ÷ | ☐ | = | ☐ | ☐ | … | 1 |

| 1 | 5 | 1 | 0 |

| ☐ | ☐ | ☐ | ÷ | 8 | = | 1 | 2 | … | ☐ |

정답 ≫ 97쪽

Unit 6

04 몫이 가장 큰 식 | 수와 연산 |

숫자카드를 모두 한 번씩만 사용하여 (두 자리 수)÷(한 자리 수)의 나눗셈식을 만들려고 합니다. 몫이 가장 큰 나눗셈식을 만들고, 몫과 나머지를 구해 보세요.

$$6 \qquad 3 \qquad 7$$

- 몫이 가장 큰 나눗셈식을 만들려면 나누어지는 수는 [ ]게, 나누는 수는 [ ]게 해야 합니다.

- 만들 수 있는 가장 [ ] 두 자리 수는 [ ]입니다.

- 만들 수 있는 가장 [ ] 한 자리 수는 [ ]입니다.

- 나눗셈식은 [ ] ÷ [ ] = [ ] … [ ] 입니다.

→ 나눗셈식의 몫은 [ ], 나머지는 [ ]입니다.

숫자카드를 모두 한 번씩만 사용하여 (세 자리 수)÷(한 자리 수)의 나눗셈식을 만들려고 합니다. 몫이 가장 큰 나눗셈식을 만들고, 몫과 나머지를 구해 보세요.

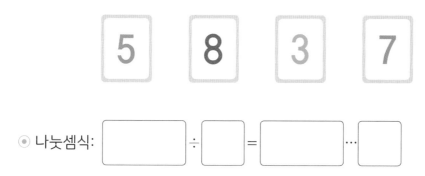

⦿ 나눗셈식: ⬚ ÷ ⬚ = ⬚ ⋯ ⬚

숫자카드를 모두 한 번씩만 사용하여 (세 자리 수)÷(두 자리 수)의 나눗셈식을 만들려고 합니다. 몫이 가장 큰 나눗셈식을 만들고, 몫과 나머지를 구해 보세요.

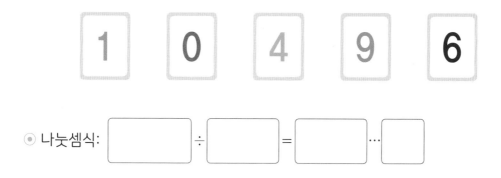

⦿ 나눗셈식: ⬚ ÷ ⬚ = ⬚ ⋯ ⬚

정답 ≫ 97쪽

혼합 계산

| 수와 연산 |

자연수의 **혼합 계산**을 알아봐요!

01 계산 순서 | 수와 연산 |

계산 순서대로 계산해 보세요.

◉ 덧셈과 뺄셈이 섞여 있는 식

$$36 - 8 + 12 = \boxed{}$$

① ②

$$36 - (8 + 12) = \boxed{}$$

① ②

◉ 곱셈과 나눗셈이 섞여 있는 식

$$72 \div 12 \times 3 = \boxed{}$$

① ②

$$72 \div (12 \times 3) = \boxed{}$$

① ②

→ 덧셈과 뺄셈이 섞여 있는 식과 곱셈과 나눗셈이 섞여 있는 식을

계산할 때에는 (   )가 없으면 $\boxed{}$ 에서부터 차례로 계산합니다.

(   )가 있으면 (   ) 안을 $\boxed{}$ 계산합니다.

◉ 덧셈, 뺄셈, 곱셈, 나눗셈이 섞여 있는 식

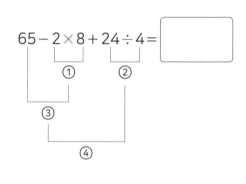   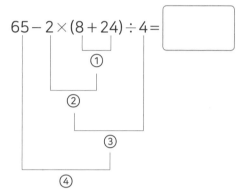

→ 덧셈, 뺄셈, 곱셈, 나눗셈이 섞여 있는 식을 계산할 때에는

[   ]과 [   ]을 먼저 계산합니다.

(   )가 있으면 (   ) 안을 [   ] 계산합니다.

? 두 식의 계산 순서를 나타내고, 값을 구해 보세요.

$$85 + 21 - 5 \times 3 = \boxed{}$$ $$29 + (36 - 24) \div 6 = \boxed{}$$

가장 크게 | 수와 연산 |

4장의 숫자카드 중에서 3장을 골라 한 번씩만 사용하여 계산 결과가
가장 큰 식을 만들고, 값을 구해 보세요.

● 가장 큰 수와 두 번째로 큰 수를 [ ]과 [ ]에 놓고 곱셈을

합니다.

● 세 번째로 큰 수를 [ ]에 놓고 덧셈을 합니다.

→

5장의 숫자카드 중에서 4장을 골라 한 번씩만 사용하여 계산 결과가
가장 큰 식을 만들고, 값을 구해 보세요.

| 2 | 3 | 4 | 6 | 8 |

| | | $\times$ | | $-$ | |

| 6 | 5 | 2 | 8 | 7 |

| | $\times$ | | $-$ | | $+$ | |

정답 ▶ 98쪽

가장 작게 | 수와 연산 |

4장의 숫자카드 중에서 3장을 골라 한 번씩만 사용하여 계산 결과가 가장 작은 식을 만들고, 값을 구해 보세요.

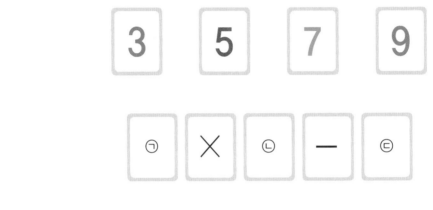

● 가장 작은 수와 두 번째로 작은 수를 ☐과 ☐에 놓고 곱셈을 합니다.

● 가장 큰 수는 ☐에 놓고 뺄셈을 합니다.

→

5장의 숫자카드 중에서 4장을 골라 한 번씩만 사용하여 계산 결과가
가장 작은 식을 만들고, 값을 구해 보세요.

| 2 | 3 | 5 | 6 | 8 |

| | + | | × | | |

| 5 | 9 | 3 | 6 | 4 |

| | × | | − | | + | |

정답 ≫ 99쪽

목표수 만들기 | 수와 연산 |

숫자카드를 한 번씩만 사용하여 주어진 식을 완성해 보세요.

$$\boxed{1} \quad \boxed{2} \quad \boxed{3} \quad \boxed{4}$$

◉ 계산 결과가 5인 식

$$\boxed{} \times \boxed{} + \boxed{} \div \boxed{} = 5$$

◉ 계산 결과가 11인 식

$$\boxed{} \times \boxed{} + \boxed{} \div \boxed{} = 11$$

◉ 계산 결과가 14인 식

$$\boxed{} \times \boxed{} + \boxed{} \div \boxed{} = 14$$

숫자카드를 한 번씩만 사용하여 뺄셈과 곱셈이 섞여 있는 식을 만들려고 합니다. 계산 결과가 12인 식을 만들어 보세요. (단, 같은 연산 기호를 여러 번 사용할 수 있습니다.)

→ _____

숫자카드를 한 번씩만 사용하여 덧셈, 곱셈, 나눗셈이 섞여 있는 식을 만들려고 합니다. 계산 결과가 10인 식을 만들어 보세요.

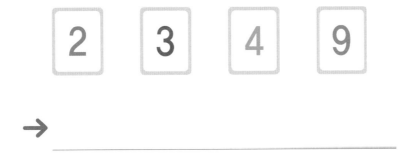

→ _____

정답 ≫ 99쪽

연산 퍼즐

| 문제 해결 |

연산 퍼즐을 풀어봐요!

연산 퍼즐 ① | 문제 해결 |

다음 <규칙>에 따라 1 부터 9 까지의 숫자카드를 배열해 보세요.

9	12	
1		4
		17

	16	7	14	
8				30
			5	15

더한 값이 한 가지인 경우를 먼저 찾아봐요.

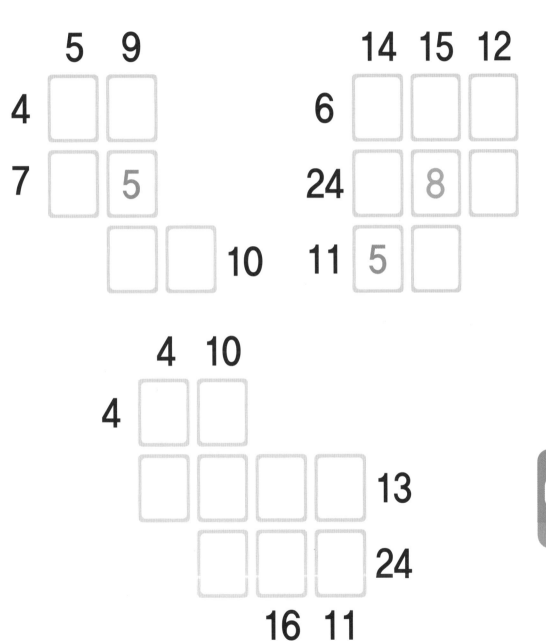

정답 ≫ 100쪽

연산 퍼즐 ② | 문제 해결 |

같은 모양의 카드는 같은 수를 나타내고, 다른 모양의 카드는 서로 다른 수를 나타냅니다. 5장의 숫자카드 중에서 3장을 골라 알맞은 식을 만들고, 각각의 모양에 해당하는 수를 써넣어 보세요.

7	2	5	4	1

	□	△	○
	□	△	○
+	□	△	○

2	2	6	2

□ = [   ] ,   △ = [   ] ,   ○ = [   ]

안쌤 Tip

주어진 숫자카드의 수 중에서 같은 수를 3번 더했을 때와 4번
더했을 때 일의 자리 숫자가 2가 되는 수를 각각 찾아봐요.

1	8	7	4	9

	■	▲	●
	■	▲	●
	■	▲	●
+	■	▲	●
	▲	■	2

■ = ☐ ,   ▲ = ☐ ,   ● = ☐

정답 ≫ 100쪽

Unit
08

연산 퍼즐 ③ | 문제 해결 |

1 부터 9 까지의 숫자카드를 서로 겹치지 않게 배열하여 덧셈식을
완성해 보세요.

	+		+ 6	= 11
+		+		+
9	+		+	= 14
+		+		+
	+ 5		+	= 20
‖		‖		‖
18		9		18

1 부터 9 까지의 숫자카드를 서로 겹치지 않게 배열하여 덧셈식과 뺄셈식이 섞여 있는 식을 완성해 보세요.

☐	+	☐	−	1	=9
+		+		+
☐	+	5	−	☐	=3
−		−		−
2	+	☐	−	☐	=7
‖		‖		‖
7		3		5

정답 ▷ 101쪽

04 연산 퍼즐 ④ | 문제 해결 |

빈 곳에 알맞은 연산 기호 카드를 넣어 식을 완성해 보세요.

(단, 같은 연산 기호를 여러 번 사용할 수 있습니다.)

$$7 \boxed{} 1 \boxed{} 7 = 0$$

$$4 \boxed{} 6 \boxed{} 3 = 2 \ 1$$

$$8 \boxed{} 7 \boxed{} 7 = 5 \ 7$$

$$4 \boxed{} 2 \boxed{} 9 = 7 \ 2$$

| 4 | | 4 | | 4 | | 4 | = | 0 |

| 4 | | 4 | | 4 | | 4 | = | 1 |

| 4 | | 4 | | 4 | | 4 | = | 2 |

| 4 | | 4 | | 4 | | 4 | = | 7 |

| 4 | | 4 | | 4 | | 4 | = | 8 |

| 4 | | 4 | | 4 | | 4 | = | 9 |

정답 ≫ 101쪽

MEMO

정답

확인해 볼까요?

Unit 1 01 세 자리 수 | 수와 연산 |

숫자카드를 한 번씩만 사용하여 만들 수 있는 세 자리 수 중에서 가장 큰 수와 가장 작은 수를 만들어 보세요.

1 6 9

* 가장 큰 수 만들기

가장 **큰** 숫자부터 차례로 백의 자리, 십의 자리, 일의 자리에 놓습니다.

→ 961

* 가장 작은 수 만들기

가장 **작은** 숫자부터 차례로 백의 자리, 십의 자리, 일의 자리에 놓습니다.

→ 169

6 숫자카드 퍼즐

숫자카드를 한 번씩만 사용하여 만들 수 있는 세 자리 수는 모두 몇 개인지 구해 보세요.

2 4 7

* 백의 자리가 2인 세 자리 수: **247** **274** → **2** 개
* 백의 자리가 4인 세 자리 수: **427** **472** → **2** 개
* 백의 자리가 7인 세 자리 수: **724** **742** → **2** 개

→ 만들 수 있는 세 자리 수의 개수: **6** 개

❓ 숫자카드로 만들 수 있는 수의 개수는 각 자리에 들어갈 수 있는 숫자의 개수를 모두 곱해 구할 수 있습니다. 이와 같은 방법으로 위 문제에서 만들 수 있는 수는 모두 몇 개인지 구해 보세요. 3 × 2 × 1 = 6 (개)

· 백의 자리에 들어갈 수 있는 수의 개수: 3개
· 십의 자리에 들어갈 수 있는 수의 개수: 2개
· 일의 자리에 들어갈 수 있는 수의 개수: 1개

정답 ○ 86쪽
01 수 만들기 7

Unit 1 02 네 자리 수 | 수와 연산 |

숫자카드를 한 번씩만 사용하여 만들 수 있는 네 자리 수 중에서 가장 큰 수와 가장 작은 수를 만들어 보세요.

6 1 2 8

* 가장 큰 수: **8621** * 가장 작은 수: **1268**

5장의 숫자카드 중에서 4장을 골라 한 번씩만 사용하여 만들 수 있는 네 자리 수 중에서 가장 큰 수와 가장 작은 수를 만들어 보세요.

7 9 5 0 4

* 가장 큰 수: **9754** * 가장 작은 수: **4057**

가장 작은 수를 만들 때에는 천의 자리에 0이 올 수 없습니다.

8 숫자카드 퍼즐

참고 (Tip)
네 자리 수를 만들 때 천의 자리에 0을 놓으면 만들어진 수는 세 자리 수가 돼요. 즉, 천의 자리에는 0이 올 수 없어요.

숫자카드를 한 번씩만 사용하여 만들 수 있는 네 자리 수 중에서 네 번째로 큰 수와 세 번째로 작은 수의 차를 구해 보세요.

3 9 0 6

* 크기가 가장 큰 수부터 순서대로 구하면

9630 > **9603** > **9360** > **9306**

…이므로 네 번째로 큰 수는 **9306** 입니다.

* 크기가 가장 작은 수부터 순서대로 구하면

3069 < **3096** < **3609** …이므로

세 번째로 작은 수는 **3609** 입니다.

→ 두 수의 차: 9306 − 3609 = 5697

정답 ○ 86쪽
01 수 만들기 9

(03) 수의 개수 | 수와 연산 |

4장의 숫자카드 중에서 3장을 골라 한 번씩만 사용하여 만들 수 있는 세 자리 수는 모두 몇 개인지 구해 보세요.

| 2 | 4 | 6 | 8 |

<세 자리 수를 직접 만드는 방법>

• 백의 자리가 2인 세 자리 수의 개수 → 6 개   246, 248, 264, 268, 284, 286
• 백의 자리가 4인 세 자리 수의 개수 → 6 개   426, 428, 462, 468, 482, 486
• 백의 자리가 6인 세 자리 수의 개수 → 6 개   624, 628, 642, 648, 682, 684
• 백의 자리가 8인 세 자리 수의 개수 → 6 개   824, 826, 842, 846, 862, 864

→ 만들 수 있는 세 자리 수의 개수: 24 개

(?) 각 자리에 들어갈 수 있는 숫자의 개수를 모두 곱하는 방법으로 위 문제에서 만들 수 있는 수는 모두 몇 개인지 구해 보세요. 4 × 3 × 2 = 24 (개)
  • 백의 자리에 들어갈 수 있는 수의 개수: 4개
  • 십의 자리에 들어갈 수 있는 수의 개수: 3개
  • 일의 자리에 들어갈 수 있는 수의 개수: 2개

10 숫자카드 퍼즐

4장의 숫자카드 중에서 3장을 골라 한 번씩만 사용하여 만들 수 있는 세 자리 수는 모두 몇 개인지 구해 보세요.

| 6 | 0 | 2 | 4 |

• 백의 자리에 들어갈 수 있는 수의 개수: 3개
• 십의 자리에 들어갈 수 있는 수의 개수: 3개
• 일의 자리에 들어갈 수 있는 수의 개수: 2개   18 개
→ 만들 수 있는 수의 개수: 3 × 3 × 2 = 18 (개)

4장의 숫자카드 중에서 3장을 골라 한 번씩만 사용하여 세 자리 수를 만들 때 400보다 큰 수는 모두 몇 개인지 구해 보세요.

| 3 | 4 | 6 | 2 |

• 백의 자리에 들어갈 수 있는 수의 개수: 2개
• 십의 자리에 들어갈 수 있는 수의 개수: 3개
• 일의 자리에 들어갈 수 있는 수의 개수: 2개   12 개
→ 만들 수 있는 수의 개수: 3 × 2 × 2 = 12 (개)

정답 ☞ 87쪽
아 수 만들기 11

---

(04) 조건을 만족하는 수 | 수와 연산 |

5장의 숫자카드 중에서 4장을 골라 만들 수 있는 네 자리 수 중에서 다음 <조건>을 만족하는 수를 구해 보세요.

| 7 | 1 | 2 | 6 | 4 |

조건
① 십의 자리 숫자는 나머지 자리 숫자들을 더한 값과 같다. → 1 + 2 + 4 = 7, □ △ 7 0
② 일의 자리 숫자는 나머지 자리 숫자보다 작다. → ○ = 1 □ △ 7 0
③ 2600보다 큰 수이다. → □ = 4, △ = 2

◉ 조건에 맞는 수

→ | 4 | 2 | 7 | 1 |

12 숫자카드 퍼즐

숫자카드를 한 번씩만 사용하여 만들 수 있는 네 자리 수 중에서 다음 <조건>을 만족하는 수를 구해 보세요.

| 9 | 1 | 6 | 3 |

조건
① 십의 자리 숫자는 1이다. → □ △ 1 ○
② 일의 자리 숫자는 홀수이다. → ○ = 3 또는 = 9
③ 천의 자리 숫자와 일의 자리 숫자의 합은 백의 자리 숫자와 십의 자리 숫자의 합보다 작다. → □ + ○ < △ + 1

◉ 조건에 맞는 수

→ | 6 | 9 | 1 | 3 |

일의 자리 숫자가 9일 경우
□ + 9 < △ + 1, △ + 1이 3 + 1 = 4 또는 6 + 1 = 8로 조건 ③을 만족하지 않습니다. 따라서 일의 자리 숫자는 3이고, 조건을 만족하는 네 자리 수는 6913입니다.

정답 ☞ 87쪽
아 수 만들기 13

숫자카드 배열 | 문제 해결 |

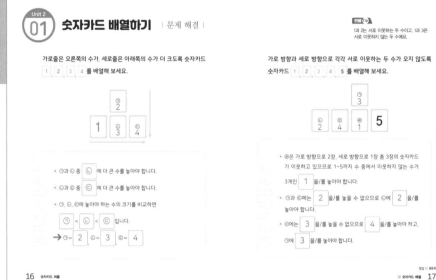

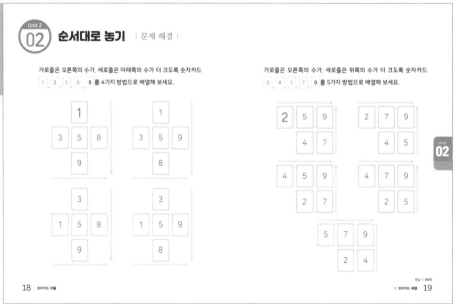

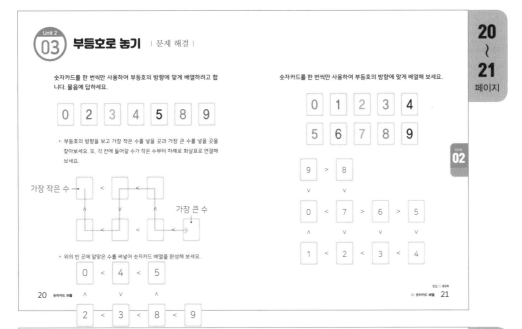

Unit 2
03 부등호로 놓기 | 문제 해결 |

숫자카드를 한 번씩만 사용하여 부등호의 방향에 맞게 배열하려고 합니다. 물음에 답하세요.

| 0 | 2 | 3 | 4 | 5 | 8 | 9 |

· 부등호의 방향을 보고 가장 작은 수를 넣을 곳과 가장 큰 수를 넣을 곳을 찾아보세요. 또, 각 칸에 들어갈 수가 작은 수부터 차례로 화살표로 연결해 보세요.

· 위의 빈 곳에 알맞은 수를 써넣어 숫자카드 배열을 완성해 보세요.

0 < 4 < 5

2 < 3 < 8 < 9

숫자카드를 한 번씩만 사용하여 부등호의 방향에 맞게 배열해 보세요.

| 0 | 1 | 2 | 3 | 4 |
| 5 | 6 | 7 | 8 | 9 |

9 > 8

0 < 7 > 6 > 5

1 < 2 < 3 < 4

Unit 2
04 이웃하지 않게 놓기 | 문제 해결 |

가로 방향과 세로 방향으로 각각 서로 이웃하는 두 수가 오지 않도록 숫자카드 1 2 3 4 5 6 을 배열해 보세요.

| 3 | 1 | 5 |
| 6 | 4 | 2 |

가로 방향과 세로 방향으로 각각 서로 이웃하는 두 수가 오지 않도록 숫자카드 2 3 4 5 6 7 을 배열해 보세요.

	2	6
7	5	3
4		

가로, 세로, 대각선 방향으로 각각 서로 이웃하는 두 수가 오지 않도록 숫자카드 3 4 5 6 7 8 9 를 배열해 보세요.

8	5	7
	3	9	4
		6

	5	7	4
8	3	9
	6

03 Unit

덧셈과 뺄셈 | 수와 연산 |

Unit 3 01 알맞은 식 만들기 | 수와 연산 |

숫자카드를 모두 한 번씩 사용하여 알맞은 식을 만들어 보세요.

1	3	6
7	8	8
9		

→

8(또는 9)→ ⓐ 7
9(또는 8) ⓑ
+ ⓒ 6

ⓓ 1 8 3

- 더한 값이 세 자리 수가 되었으므로 ⓓ은 **1** 입니다.
- 7과 더한 값의 일의 자리 숫자가 3이므로 ⓒ은 **6** 입니다.
- ⓐ과 ⓑ을 더한 값에 1을 더한 수가 18이므로 ⓐ과 ⓑ은 **8** 와/과 **9** 입니다.

숫자카드를 모두 한 번씩 사용하여 (두 자리 수)+(두 자리 수)의 식을 만들려고 합니다. 계산 결과가 가장 큰 식과 가장 작은 식을 만들고, 값을 구해 보세요.

4	5
8	9

→

가장 큰 식: 가장 큰 수와 두 번째로 큰 수

가장 작은 식: 가장 작은 수와 두 번째로 작은 수

- 가장 큰 식: 가장 큰 수와 두 번째로 큰 수를 ⓐ 과 ⓒ 에 놓고, 나머지 수를 놓습니다. → **예** 95 + 84 = 179
- 가장 작은 식: 가장 작은 수와 두 번째로 작은 수를 ⓐ 과 ⓒ 에 놓고, 나머지 수를 놓습니다. → **예** 48 + 59 = 107

Unit 3 02 덧셈식 만들기 | 수와 연산 |

완벽 tip
덧셈식은 각 자리의 덧셈과 받아올림을 생각해요.

숫자카드를 모두 한 번씩 사용하여 (두 자리 수)+(두 자리 수)의 식을 만들어 보세요.

1	3	4
6	7	8
9		

→

4 9
+ 8 7

1 3 6

1		
2	4	7
9		

→

4 9
+ 7 2

1 2 1

숫자카드를 모두 한 번씩 사용하여 (세 자리 수)+(세 자리 수)의 식을 만들어 보세요. (단, 더하는 수가 더해지는 수보다 큽니다.)

0	1	2	2	3
5	6	7	8	9

↓

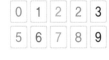

3 2 8
+ 6 9 7

1 0 2 5

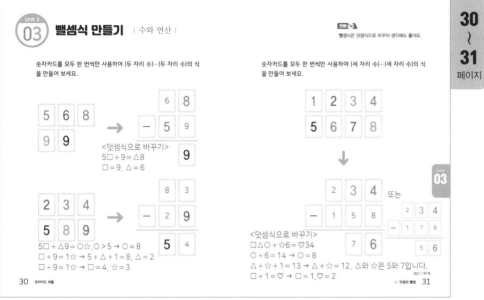

Unit 3
03 뺄셈식 만들기 | 수와 연산 |

안쌤 Tip
뺄셈식은 덧셈식으로 바꾸어 생각해도 좋아요.

숫자카드를 모두 한 번씩만 사용하여 (두 자리 수)-(두 자리 수)의 식을 만들어 보세요.

숫자카드를 모두 한 번씩만 사용하여 (세 자리 수)-(세 자리 수)의 식을 만들어 보세요.

30 숫자카드 퍼즐

정답 ● 91쪽
[3] 덧셈과 뺄셈 31

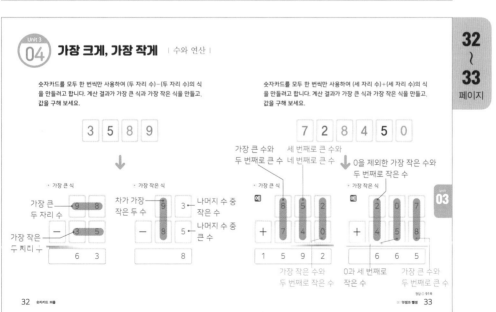

Unit 3
04 가장 크게, 가장 작게 | 수와 연산 |

숫자카드를 모두 한 번씩만 사용하여 (두 자리 수)-(두 자리 수)의 식을 만들려고 합니다. 계산 결과가 가장 큰 식과 가장 작은 식을 만들고, 값을 구해 보세요.

숫자카드를 모두 한 번씩만 사용하여 (세 자리 수)+(세 자리 수)의 식을 만들려고 합니다. 계산 결과가 가장 큰 식과 가장 작은 식을 만들고, 값을 구해 보세요.

32 숫자카드 퍼즐

정답 ● 91쪽
[3] 덧셈과 뺄셈 33

04 Unit

소수 | 수와 연산 |

Unit 4 01 소수 한 자리 수 | 수와 연산 |

한번더 Tip
분수 $\frac{1}{10}$은 소수 0.1로 나타낼 수 있어요.

4장의 숫자카드 중에서 2장을 골라 한 번씩만 사용하여 가장 큰 소수 한 자리 수와 가장 작은 소수 한 자리 수를 만들어 보세요.

| 8 | 1 | 6 | 2 |

• 가장 큰 소수 한 자리 수 만들기

자연수 부분에 가장 **큰** 숫자를 놓고, 소수 부분에 두 번째로 **큰** 숫자를 놓습니다. → | 8 | 6 |

• 가장 작은 소수 한 자리 수 만들기

자연수 부분에 가장 **작은** 숫자를 놓고, 소수 부분에 두 번째로 **작은** 숫자를 놓습니다. → | 1 | 2 |

4장의 숫자카드 중에서 2장을 골라 한 번씩만 사용하여 <조건>을 만족하는 소수 한 자리 수를 만들어 보세요. (단, 소수점 아래 끝자리에는 0이 오지 않습니다.)

| 7 | 3 | 0 | 5 |

조건
① $\frac{3}{10}$보다 크고, 5보다 작다.
② 자연수 부분과 소수 부분의 숫자의 합은 8이다.

• ①을 만족하는 소수: 0.5, 0.7, 3.5, 3.7

• ①을 만족하는 소수 중 ②를 만족하는 소수: 3.5

정답 ○ 92쪽

Unit 04

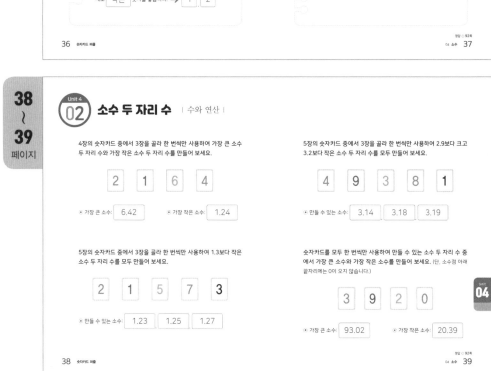

Unit 4 02 소수 두 자리 수 | 수와 연산 |

4장의 숫자카드 중에서 3장을 골라 한 번씩만 사용하여 가장 큰 소수 두 자리 수와 가장 작은 소수 두 자리 수를 만들어 보세요.

| 2 | 1 | 6 | 4 |

• 가장 큰 소수: 6.42   • 가장 작은 소수: 1.24

5장의 숫자카드 중에서 3장을 골라 한 번씩만 사용하여 2.9보다 크고 3.2보다 작은 소수 두 자리 수를 모두 만들어 보세요.

| 4 | 9 | 3 | 8 | 1 |

• 만들 수 있는 소수: 3.14   3.18   3.19

5장의 숫자카드 중에서 3장을 골라 한 번씩만 사용하여 1.3보다 작은 소수 두 자리 수를 모두 만들어 보세요.

| 2 | 1 | 5 | 7 | 3 |

• 만들 수 있는 소수: 1.23   1.25   1.27

숫자카드를 모두 한 번씩만 사용하여 만들 수 있는 소수 두 자리 수 중에서 가장 큰 소수와 가장 작은 소수를 만들어 보세요. (단, 소수점 아래 끝자리에는 0이 오지 않습니다.)

| 3 | 9 | 2 | 0 |

• 가장 큰 소수: 93.02   • 가장 작은 소수: 20.39

Unit 04

정답 ○ 92쪽

Unit 4 03 소수 세 자리 수 | 수와 연산 |

5장의 숫자카드 중에서 4장을 골라 한 번씩만 사용하여 4.3보다 큰 소수 세 자리 수를 모두 만들어 보세요. (단, 소수점 아래 끝자리에는 0이 오지 않습니다.)

2 0 1 4 3

• 만들 수 있는 소수: 4.301 4.302 4.312 4.321

5장의 숫자카드 중에서 4장을 골라 한 번씩만 사용하여 1보다 작은 소수 중에서 가장 큰 소수 세 자리 수와 가장 작은 소수 세 자리 수를 만들어 보세요. (단, 소수점 아래 끝자리에는 0이 오지 않습니다.)

4 6 0 8 3

• 가장 큰 소수: 0.864   • 가장 작은 소수: 0.346

5장의 숫자카드 중에서 4장을 골라 한 번씩만 사용하여 7.4보다 크고 7.7보다 작은 소수 세 자리 수를 만들려고 합니다. 만들 수 있는 소수 중에서 세 번째로 큰 소수를 구해 보세요.

2 6 9 7 4

• 세 번째로 큰 소수: 7.649

<만들 수 있는 소수>
7.694 > 7.692 > 7.649 > 7.642 > 7.629 > 7.624 > 7.496 > …

숫자카드를 모두 한 번씩만 사용하여 만들 수 있는 소수 세 자리 수 중에서 다섯 번째로 작은 수를 구해 보세요.

8 2 5 4 7

• 다섯 번째로 작은 소수: 24.857

<만들 수 있는 소수>
24.578 < 24.587 < 24.758 < 24.785 < 24.857 < 24.875 < …

Unit 4 04 조건을 만족하는 소수 | 수와 연산 |

5장의 숫자카드 중에서 4장을 골라 만들 수 있는 소수 두 자리 수 중에서 다음 <조건>을 만족하는 수를 구해 보세요.

9 4 1 8 2

조건
① 모든 자리의 숫자의 합은 16이다.
② 소수 첫째 자리 숫자는 홀수이다.
③ 일의 자리 숫자는 나머지 자리 숫자들을 모두 더한 값보다 크다.
④ 가장 큰 자리 수의 숫자에 2를 곱한 값은 가장 작은 자리 수의 숫자와 같다.

• 조건에 맞는 소수: 29.14

숫자카드 4장으로 만든 소수 두 자리 수는 □△.○♠입니다.
· ① : 1 + 2 + 4 + 9 = 16 → 1, 2, 4, 9
· ① 과 ② : □△.1☆ 또는 □△.9☆
· ① 과 ② 와 ③ : 1 + 2 + 4 < 9 → 9.1☆
· ① 과 ② 와 ③ 과 ④ : 2 × 2 = 4 → 29.14

6장의 숫자카드 중에서 4장을 골라 만들 수 있는 소수 세 자리 수 중에서 다음 <조건>을 만족하는 수를 구해 보세요.

1 9 8 2 5 3

조건
① 8보다 큰 수이다.
② 소수 셋째 자리 숫자는 3이다.
③ 소수 첫째 자리 숫자는 짝수이다.
④ 일의 자리 숫자는 나머지 자리 숫자를 모두 더한 값보다 크다.
⑤ 일의 자리 숫자가 짝수이면 소수 둘째 자리 숫자는 짝수이고, 일의 자리 숫자가 홀수이면 소수 둘째 자리 숫자는 홀수이다.

• 조건에 맞는 소수: 9.213

숫자카드 4장으로 만든 소수 세 자리 수는 ☆.□△○입니다.
· ① : 8.□△○ 또는 9.□△○
· ① 과 ② : 8.□△3 또는 9.□△3
· ① 과 ② 와 ③ : 8.2△3 또는 9.2△3 또는 9.8△3
· ① 과 ② 와 ③ 과 ④ : 8.213 또는 9.213
· ① 과 ② 와 ③ 과 ④ 와 ⑤ : 9.213

05 곱셈 | 수와 연산 |

Unit 5 01 알맞은 식 만들기 | 수와 연산 |

4장의 숫자카드 중에서 2장을 골라 한 번씩만 사용하여 주어진 곱셈식을 완성해 보세요.

$$2 \quad 3 \quad 4 \quad 6$$

$$\text{㉠} \times \text{㉡} = 12$$

- ㉠에 2 를 놓으면 ㉡에 숫자카드 6 을/를 놓아야 합니다.
- ㉠에 3 을 놓으면 ㉡에 숫자카드 4 을/를 놓아야 합니다.
- ㉠에 4 를 놓으면 ㉡에 숫자카드 3 을/를 놓아야 합니다.
- ㉠에 6 을 놓으면 ㉡에 숫자카드 2 을/를 놓아야 합니다.

46 숫자카드 퍼즐

7장의 숫자카드 중에서 2장을 골라 한 번씩만 사용하여 주어진 곱셈식을 만들려고 합니다. 각각의 식을 만들 때 필요하지 않은 숫자카드를 모두 골라 보세요.

$$1 \quad 2 \quad 3 \quad 4 \quad 6 \quad 8 \quad 9$$

$$\square \times \square = 18$$

→ 18을 만들 때 필요하지 않은 숫자카드: 1, 4, 8
<18을 만들 수 있는 식>
$2 \times 9 = 18$, $3 \times 6 = 18$, $6 \times 3 = 18$, $9 \times 2 = 18$

$$\square \times \square = 24$$

→ 24를 만들 때 필요하지 않은 숫자카드: 1, 2, 9
<24를 만들 수 있는 식>
$3 \times 8 = 24$, $4 \times 6 = 24$, $6 \times 4 = 24$, $8 \times 3 = 24$

정답 ○ 94쪽
05 곱셈 47

Unit 5 02 어림 연산 | 수와 연산 |

5장의 숫자카드 중에서 2장을 골라 한 번씩만 사용하여 두 수의 곱이 주어진 수에 가장 가까운 곱셈식을 만들려고 합니다. 사용할 숫자카드를 각각 2장씩 골라 보세요.

$$5 \quad 6 \quad 7 \quad 8 \quad 9$$

$$\square \times \square \quad \text{46}$$

→ 사용할 숫자카드: 5, 9
$5 \times 9 = 45$, $9 \times 5 = 45$

$$\square \times \square \quad \text{69}$$

→ 사용할 숫자카드: 8, 9
$8 \times 9 = 72$, $9 \times 8 = 72$
$7 \times 9 = 63$, $9 \times 7 = 63$

48 숫자카드 퍼즐 63과 72 중 69에 더 가까운 수는 72입니다.

만점 Tip
목표수에 가장 가까운 수를 만들 때에는 만든 수가 목표수보다 작을 수도 있고, 클 수도 있어요.

0 부터 9 까지의 숫자카드 중에서 4장을 골라 한 번씩만 사용하여 곱셈식을 만들려고 합니다. 네 수의 곱이 주어진 수에 가장 가까운 곱셈식을 만든다고 할 때, 사용할 숫자카드를 각각 2장씩 골라 보세요.

$$3 \times 5 \times \square \times \square \quad \text{482}$$

→ 사용할 숫자카드: 4, 8 / $3 \times 5 \times 4 \times 8 = 480$
방법: $3 \times 5 = 15$이고, $482 \div 15 = 32 \cdots 2$입니다.
따라서 곱이 32인 두 수를 찾습니다.

$$2 \times 7 \times \square \times \square \quad \text{670}$$

→ 사용할 숫자카드: 6, 8 / $2 \times 7 \times 6 \times 8 = 672$
방법: $2 \times 7 = 14$이고, $670 \div 14 = 47 \cdots 12$입니다.
따라서 곱이 48인 두 수를 찾습니다.

정답 ○ 94쪽
05 곱셈 49

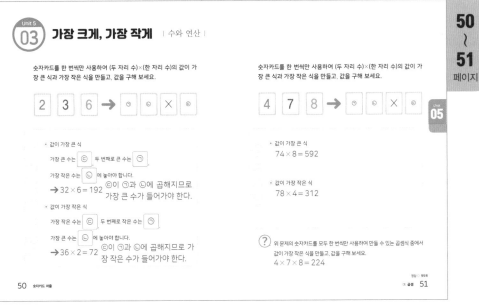

Unit

06 나눗셈 | 수와 연산 |

01 나눗셈식 만들기 | 수와 연산 |

3장의 숫자카드 중에서 2장을 골라 한 번씩만 사용하여 만들 수 있는 두 자리 수 중에서 가장 작은 두 자리 수를 구해 보세요. 이 두 자리 수를 남은 숫자카드의 수로 나누어 나눗셈식을 만들고, 몫을 구해 보세요.

| 2 | 4 | 8 |

- 두 자리 수 중에서 가장 작은 수는 24 입니다.
- 나누는 수는 8 입니다.
- 나누어지는 수는 24 입니다.
- 나눗셈식은 24 ÷ 8 = 3 입니다.
→ 만들 수 있는 두 자리 수 중에서 가장 작은 수를 남은 숫자카드의 수로 나눈 몫은 3 입니다.

숫자카드로 나눗셈식을 만들었습니다. 빈칸에 알맞은 말을 써넣어 보세요.

| 3 4 | ÷ | 5 | = | 6 | … | 4 |

- 34를 5로 나누면 몫 은/는 6이고, 4가 남습니다.
  이때 4를 34÷5의 나머지 (이)라고 합니다.
- 나머지 은/는 나눗셈에서 더 이상 나눌 수 없을 때까지 나누고
  남은 수이므로 나머지 은/는 항상 나누는 수보다
  (커 , 작아)야 합니다.
- 나눗셈에서 나머지가 0 일 때 나누어떨어진다고 합니다.

56 숫자카드 퍼즐

02 나누어떨어지는 식 | 수와 연산 |

3장의 숫자카드 중에서 2장을 골라 한 번씩만 사용하여 만들 수 있는 두 자리 수 중에서 가장 큰 수를 구해 보세요. 이 두 자리 수를 남은 숫자카드의 수로 나누어 나눗셈식을 만들고, 몫을 구해 보세요.

| 3 | 7 | 5 |

· 두 자리 수 중에서 가장 큰 수: 75
· 나눗셈식: 75 ÷ 3 = 25
· 몫: 25

3장의 숫자카드 중에서 2장을 골라 한 번씩만 사용하여 50에 가장 가까운 두 자리 수를 만들었습니다. 만든 두 자리 수를 4로 나누었을 때의 몫을 구해 보세요.

| 1 | 2 | 8 |

만들 수 있는 두 자리 수는 12, 18, 21, 28, 81, 82 이고, 50에 가장 가까운 수는 28입니다. 28을 4로 나눈 나눗셈식은 28 ÷ 4 = 7이므로 몫은 7입니다.

숫자카드를 한 번씩만 사용하여 (두 자리 수)÷(한 자리 수)의 나눗셈식을 만들려고 합니다. 몫이 가장 작은 나눗셈식을 만들고, 몫을 구해 보세요.

| 9 | 5 | 4 |

- 몫이 가장 작은 나눗셈식을 만들려면 나누어지는 수는 작 게,
  나누는 수는 크 게 해야 합니다.
- 만들 수 있는 가장 작은 두 자리 수는 45 입니다.
- 만들 수 있는 가장 큰 한 자리 수는 9 입니다.
- 나눗셈식은 45 ÷ 9 = 5 입니다.
→ 몫이 가장 작은 나눗셈식의 몫은 5 입니다.

58 숫자카드 퍼즐

Unit 6
03 나머지가 있는 식 | 수와 연산 |

숫자카드로 만든 나눗셈식을 바르게 계산했는지 확인해 보세요.

숫자카드를 한 번씩만 사용하여 주어진 나눗셈식을 완성해 보세요.

$14 ÷ 4 = 3 \cdots 3$

- 나머지가 0이 아닌 나눗셈식에서 나누는 수와 몫 의 곱에 나머지 을/를 더하면 나누어지는 수가 됩니다.
- 14÷4=3···3에서 나누는 수가 4 , 몫이 3 이므로
  4 × 3 = 12 이고,
  12 에 나머지 3 을/를 더하면 15 이/가 됩니다.
- 15 은/는 나누어지는 수와 (같으, 다른)므로
  (바르게, 틀리게) 계산했습니다.

$46 ÷ □ = ○△ \cdots 1$
$□ × ○△ = 46 - 1, □ × ○△ = 45$
$3 × 15 = 45 → □ = 3, ○ = 1, △ = 5$

$□○△ ÷ 8 = 12 \cdots ☆$
$8 × 12 = □○△ - ☆$
$96 = □○△ - ☆, 101 - 5 = 96$
$→ □ = 1, ○ = 0, △ = 1, ☆ = 5$

정답 97쪽

60 숫자카드 퍼즐

(6) 나눗셈 61

Unit 6
04 몫이 가장 큰 식 | 수와 연산 |

숫자카드를 모두 한 번씩만 사용하여 (두 자리 수)÷(한 자리 수)의 나눗셈식을 만들려고 합니다. 몫이 가장 큰 나눗셈식을 만들고, 몫과 나머지를 구해 보세요.

- 몫이 가장 큰 나눗셈식을 만들려면 나누어지는 수는 크 게, 나누는 수는 작 게 해야 합니다.
- 만들 수 있는 가장 큰 두 자리 수는 76 입니다.
- 만들 수 있는 가장 작은 한 자리 수는 3 입니다.
- 나눗셈식은 76 ÷ 3 = 25 ··· 1 입니다.
- → 나눗셈식의 몫은 25 나머지는 1 입니다.

숫자카드를 모두 한 번씩만 사용하여 (세 자리 수)÷(한 자리 수)의 나눗셈식을 만들려고 합니다. 몫이 가장 큰 나눗셈식을 만들고, 몫과 나머지를 구해 보세요.

- 나눗셈식: 875 ÷ 3 = 291 ··· 2

숫자카드를 모두 한 번씩만 사용하여 (세 자리 수)÷(두 자리 수)의 나눗셈식을 만들려고 합니다. 몫이 가장 큰 나눗셈식을 만들고, 몫과 나머지를 구해 보세요.

- 나눗셈식: 964 ÷ 10 = 96 ··· 4

정답 97쪽

62 숫자카드 퍼즐

(6) 나눗셈 63

07 Unit

혼합 계산 | 수와 연산 |

66
~
67
페이지

Unit 7 01 계산 순서 | 수와 연산 |

계산 순서대로 계산해 보세요.

• 덧셈과 뺄셈이 섞여 있는 식

$36 - 8 + 12 =$ 40
①28
②40

$36 - (8 + 12) =$ 16
①20
②16

• 곱셈과 나눗셈이 섞여 있는 식

$72 \div 12 \times 3 =$ 18
①6
②18

$72 \div (12 \times 3) =$ 2
①36
②2

→ 덧셈과 뺄셈이 섞여 있는 식과 곱셈과 나눗셈이 섞여 있는 식을
계산할 때에는 ( )가 없으면 앞 에서부터 차례로 계산합니다.
( )가 있으면 ( )안을 먼저 계산합니다.

66 숫자카드 퍼즐

• 덧셈, 뺄셈, 곱셈, 나눗셈이 섞여 있는 식

$65 - 2 \times 8 + 24 \div 4 =$ 55
①16 ②6
③49
④55

$65 - 2 \times (8 + 24) \div 4 =$ 49
①32
②64
③16
④49

→ 덧셈, 뺄셈, 곱셈, 나눗셈이 섞여 있는 식을 계산할 때에는
곱셈 과 나눗셈 을 먼저 계산합니다.
( )가 있으면 ( )안을 먼저 계산합니다.

? 두 식의 계산 순서를 나타내고, 값을 구해 보세요.

$85 + 21 - 5 \times 3 =$ 91
106② ①15
③91

$29 + (36 - 24) \div 6 =$ 31
①12
②2
③31

정답 ◑ 98쪽
☞ 혼합 계산 67

68
~
69
페이지

Unit 7 02 가장 크게 | 수와 연산 |

4장의 숫자카드 중에서 3장을 골라 한 번씩만 사용하여 계산 결과가
가장 큰 식을 만들고, 값을 구해 보세요.

| 2 | 3 | 4 | 7 |

⊙ + ⊙ × ⊙

• 가장 큰 수와 두 번째로 큰 수를 ⊙ 과 ⊙ 에 놓고 곱셈을
합니다.
• 세 번째로 큰 수를 ⊙ 에 놓고 덧셈을 합니다.

→ $3 + 7 \times 4 = 31$

5장의 숫자카드 중에서 4장을 골라 한 번씩만 사용하여 계산 결과가
가장 큰 식을 만들고, 값을 구해 보세요.

| 2 | 3 | 4 | 6 | 8 |

6 4 × 8 − 2
$64 \times 8 - 2 = 510$

| 6 | 5 | 2 | 8 | 7 |

8 × 7 − 2 + 6
$8 \times 7 - 2 + 6 = 60$ 또는 $7 \times 8 - 2 + 6 = 60$

68 숫자카드 퍼즐

정답 ◑ 98쪽
☞ 혼합 계산 69

안쌤의 사고력 수학 퍼즐
숫자카드 퍼즐

Unit 7 03 가장 작게 | 수와 연산 |

4장의 숫자카드 중에서 3장을 골라 한 번씩만 사용하여 계산 결과가 가장 작은 식을 만들고, 값을 구해 보세요.

3 5 7 9

㉠ × ㉡ − ㉢

• 가장 작은 수와 두 번째로 작은 수를 ㉠ 과 ㉡ 에 놓고 곱셈을 합니다.

• 가장 큰 수는 ㉢ 에 놓고 뺄셈을 합니다.

→ $3 \times 5 - 9 = 6$

5장의 숫자카드 중에서 4장을 골라 한 번씩만 사용하여 계산 결과가 가장 작은 식을 만들고, 값을 구해 보세요.

2 3 5 6 8

6 + 2 × 3 5

$6 + 2 \times 35 = 76$

5 9 3 6 4

3 × 4 − 9 + 5

$3 \times 4 - 9 + 5 = 8$ 또는 $4 \times 3 - 9 + 5 = 8$

Unit 7 04 목표수 만들기 | 수와 연산 |

숫자카드를 한 번씩만 사용하여 주어진 식을 완성해 보세요.

1 2 3 4

• 계산 결과가 5인 식

1 × 3 + 4 ÷ 2 = **5**

또는 $3 \times 1 + 4 \div 2 = 5$

• 계산 결과가 11인 식

2 × 4 + 3 ÷ 1 = **11**

또는 $4 \times 2 + 3 \div 1 = 11$

• 계산 결과가 14인 식

3 × 4 + 2 ÷ 1 = **14**

또는 $4 \times 3 + 2 \div 1 = 14$

숫자카드를 한 번씩만 사용하여 뺄셈과 곱셈이 섞여 있는 식을 만들려고 합니다. 계산 결과가 12인 식을 만들어 보세요. (단, 같은 연산 기호를 여러 번 사용할 수 있습니다.)

2 2 4 4

→ $4 \times 4 - 2 \times 2 = 12$

숫자카드를 한 번씩만 사용하여 덧셈, 곱셈, 나눗셈이 섞여 있는 식을 만들려고 합니다. 계산 결과가 10인 식을 만들어 보세요.

2 3 4 9

→ 예 $4 + 9 \times 2 \div 3 = 10$

$9 \div 3 \times 2 + 4 = 10$, $4 + 9 \div 3 \times 2 = 10$ 등과 같이 순서를 바꾸어 식을 만들 수 있습니다.

Unit 8
01 연산 퍼즐 ① | 문제 해결 |

다음 <규칙>에 따라 1 부터 9 까지의 숫자카드를 배열해 보세요.

규칙
① 가로줄과 세로줄에 끝에 적힌 수는 그 줄에 있는 숫자카드의 수를 더한 값이다.
② 같은 수의 숫자카드를 여러 장 사용할 수 있다.
③ 가로 방향 또는 세로 방향의 같은 줄에 있는 수들은 모두 달라야 한다.

안내 Tip
더한 값이 한 가지인 경우를 먼저 찾아봐요.

9 12

1	3	**4**
8	9	**17**

★
16 7 14

8	7	6	9	**30**
	9	1	5	**15**

<더한 값이 한 가지인 경우>
$7 + 9 = 16$

<더한 값이 한 가지인 경우>
· $1 + 3 = 4$
· $1 + 5 + 3 = 9$

5 9★

3	1	**★4**
		7
		3

10

<더한 값이 한 가지인 경우>
· $1 + 2 + 3 = 6$
· $7 + 8 + 9 = 24$

14 15 12

2	1	3	**★6**
8	9		**★24**
5	6		**11**

★4 10

3	1	**★4**
1	2	3	**13**
7	9	8	**24★**

<더한 값이 한 가지인 경우>
· $1 + 3 = 4$
· $7 + 9 = 16$
· $7 + 8 + 9 = 24$

16 11
★

76 숫자카드 퍼즐

정답 100쪽
08. 연산 퍼즐 77

Unit 8
02 연산 퍼즐 ② | 문제 해결 |

같은 모양의 카드는 같은 수를 나타내고, 다른 모양의 카드는 서로 다른 수를 나타냅니다. 5장의 숫자카드 중에서 3장을 골라 알맞은 식을 만들고, 각각의 모양에 해당하는 수를 써넣어 보세요.

안내 Tip
주어진 숫자카드의 수 중에서 같은 수를 3번 더했을 때와 4번 더했을 때 일의 자리 숫자가 2가 되는 수를 각각 찾아봐요.

7	2	5	4	1

	口7	△5	○4
	口7	△5	○4
+	口7	△5	○4
	2	**2**	**6**	**2**

口 = 7 △ = 5 ○ = 4

1	8	7	4	9

	■1	▲7	●8
	■1	▲7	●8
	■1	▲7	●8
+	■1	▲7	●8
	▲7	■1	**2**

■ = 1 ▲ = 7 ● = 8

78 숫자카드 퍼즐

정답 100쪽
08. 연산 퍼즐 79

Unit 8 03 **연산 퍼즐 ③** | 문제 해결 |

80 ~ 81 페이지

1 부터 9 까지의 숫자카드를 서로 겹치지 않게 배열하여 덧셈식을 완성해 보세요.

2	+	3	+	6	= 11
+		+		+
9	+	1	+	4	= 14
+		+		+
7	+	5	+	8	= 20

18   9   18

1 부터 9 까지의 숫자카드를 서로 겹치지 않게 배열하여 덧셈식과 뺄셈식이 섞여 있는 식을 완성해 보세요.

3	+	7	−	1	= 9
+		+		+
6	+	5	−	8	= 3
−		−		−
2	+	9	−	4	= 7

7   3   5

08

정답 ⇨ 101쪽

 Unit 8 04 **연산 퍼즐 ④** | 문제 해결 |

82 ~ 83 페이지

빈 곳에 알맞은 연산 기호 카드를 넣어 식을 완성해 보세요.
(단, 같은 연산 기호를 여러 번 사용할 수 있습니다.)

예 | 4 | − | 4 | + | 4 | − | 4 | = 0

위와 다른 연산 기호를 사용하는 식: 4×4÷4−4=0, 4×4−4×4=0

예 | 4 | × | 4 | ÷ | 4 | ÷ | 4 | = 1

위와 다른 연산 기호를 사용하는 식: 4÷4+4−4=1

| 4 | ÷ | 4 | + | 4 | ÷ | 4 | = 2

예 | 7 | − | 1 | × | 7 | = 0

위와 다른 연산 기호를 사용하는 식: 7÷1−7=0

| 4 | × | 6 | − | 3 | = 2 1

예 | 4 | + | 4 | − | 4 | ÷ | 4 | = 7

| 8 | + | 7 | × | 5 | = 5 7

예 | 4 | × | 4 | − | 4 | − | 4 | = 8

위와 다른 연산 기호를 사용하는 식: 4×4×4÷4=0, 4×4−4−4=8

| 4 | × | 2 | × | 9 | = 7 2

예 | 4 | ÷ | 4 | + | 4 | + | 4 | = 9

정답 ⇨ 101쪽

정답 **101**

좋은 책을 만드는 길
독자님과 함께하겠습니다.

도서나 동영상에 궁금한 점, 아쉬운 점, 만족스러운 점이
있으시다면 어떤 의견이라도 말씀해 주세요.
SD에듀는 독자님의 의견을 모아 더 좋은 책으로 보답하겠습니다.

www.sdedu.co.kr

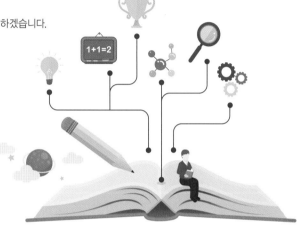

안쌤의 사고력 수학 퍼즐 숫자카드 퍼즐

초 판 발 행	2022년 11월 03일 (인쇄 2022년 09월 27일)
발 행 인	박영일
책 임 편 집	이해욱
저 자	안쌤 영재교육연구소
편 집 진 행	이미림 · 이여진 · 피수민
표지디자인	조혜령
편집디자인	최혜윤
발 행 처	(주)시대교육
공 급 처	(주)시대고시기획
출 판 등 록	제 10-1521호
주 소	서울시 마포구 큰우물로 75 [도화동 538 성지 B/D] 9F
전 화	1600-3600
팩 스	02-701-8823
홈 페 이 지	www.sdedu.co.kr
I S B N	979-11-383-3271-2 (63410)
정 가	12,000원

시대교육이 준비한
특별한 학생을 위한,
최상의 학습 시리즈

B

초등영재로 가는 지름길,
안쌤의 창의사고력 수학 실전편 시리즈

- 영역별 기출문제 및 연습문제
- 문제와 해설을 한눈에 볼 수 있는 정답 및 해설
- 초등 3~6학년

C

안쌤의 수·과학 융합 특강

- 초등 교과와 연계된 24가지 주제 수록
- 수학사고력+과학탐구력+융합사고력
  동시 향상

A

안쌤의 STEAM+창의사고력
수학 100제, 과학 100제 시리즈

- 영재성검사 기출문제
- 창의사고력 실력다지기 100제
- 초등 1~6학년, 중등

Coming Soon!

- 신박한 과학 탐구 보고서
- 영재들의 학습법

※도서명과 이미지, 구성은 변경될 수 있습니다.

E

D

수학이 쑥쑥! 코딩이 척척!
초등코딩 수학 사고력 시리즈

- 초등 SW 교육과정 완벽 반영
- 수학을 기반으로 한 SW 융합 학습서
- 초등 컴퓨팅 사고력+수학 사고력 동시 향상
- 초등 1~6학년, 영재교육원 대비

영재성검사 창의적 문제해결력
모의고사 시리즈

- 영재성검사 기출문제
- 영재성검사 모의고사 4회분
- 초등 3~6학년, 중등

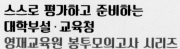

F

스스로 평가하고 준비하는
대학부설·교육청
영재교육원 봉투모의고사 시리즈

- 영재교육원 집중 대비·실전 모의고사 3회분
- 면접 가이드 수록
- 초등 3~6학년, 중등

AI와 함께하는
영재교육원 면접 특강

- 영재교육원 면접의 이해와 전략
- 각 분야별 면접 문항
- 영재교육 전문가들의 연습문제

시대교육만의 영재교육원 면접
SOLUTION

1 "영재교육원 AI 면접 온라인 프로그램 무료 체험 쿠폰"

도서를 구매한 분들께 드리는 **특별한 혜택**	Coupon	쿠폰번호 YHJ - 66134 - 15199 유효기간 : ~2022년 12월 31일

- **01** 도서의 쿠폰번호를 확인합니다.
- **02** WIN시대로[https://www.winsidaero.com]에 접속합니다.
- **03** 홈페이지 오른쪽 상단 영재교육원  AI 면접 배너를 클릭합니다.
- **04** 회원가입 후 로그인하여 [쿠폰 등록]을 클릭합니다.
- **05** 쿠폰번호를 정확히 입력합니다.
- **06** 쿠폰 등록을 완료한 후, [주문 내역]에서 이용권을 사용하여 면접을 실시합니다.

※ 무료 쿠폰으로 응시한 면접에는 별도의 리포트가 제공되지 않습니다.

---

2 "영재교육원 AI 면접 온라인 프로그램"

- **01** WIN시대로[https://www.winsidaero.com]에 접속합니다.
- **02** 홈페이지 오른쪽 상단 영재교육원 AI 면접 배너를 클릭합니다.
- **03** 회원가입 후 로그인하여 [상품 목록]을 클릭합니다.
- **04** 학습자에게 꼭 맞는 다양한 상품을 확인할 수 있습니다.